Syndicat agricole de l'arrondissement de Muret

Haute-Garonne

# NOTIONS PRATIQUES

SUR

# LA VINIFICATION

PAR

J. VINCENS

Ingénieur-Agronome

Professeur à l'Ecole d'Agriculture d'Ondes

Sous-directeur du Laboratoire municipal de Toulouse

**Prix : 40 centimes**

DEUXIÈME MILLE

TOULOUSE

IMPRIMERIE G. BERTHOUMIEU

20, RUE DE LA COLOMBETTE, 20

1894

# PRÉFACE

La nécessité de perfectionner nos procédés de vinification devient chaque année plus évidente.

Mais l'amélioration du mode de fabrication du vin doit être générale, si l'on veut éviter que la présence de quelques vins défectueux dans une région n'entraîne la dépréciation de tous les autres.

Il importe donc de répandre par tous les moyens possibles les connaissances indispensables à l'obtention d'un vin sain et bien constitué.

Parmi les moyens de propagation et de diffusion de ces connaissances utiles, le livre est un des meilleurs, à la condition qu'il soit bref, précis et bon marché.

C'est ce que j'ai voulu faire.

Cette petite brochure s'adresse tout spécialement aux viticulteurs de la région dont le vignoble est trop peu important pour justifier l'emploi d'un matériel perfectionné mais coûteux.

J'ai supposé connus, pour éviter des descriptions oiseuses et comme ils le sont en réalité, tous les appareils dont on se sert couramment pour la vinification, me bornant à tirer le meilleur parti possible des instruments divers actuellement en usage.

Enfin, je me suis occupé seulement de la fabrication des vins rouges ordinaires qui occupent la plus grande place dans la production de la région.

**J. VINCENS.**

# INTRODUCTION

Le vin est le produit de la fermentation du jus de raisin frais.

Cette définition, très juste, montre que dans la vinification l'opération la plus importante est la fermentation, dont l'étude doit indiquer les règles à suivre dans la transformation du jus de raisin ou moût en vin.

Lorsqu'on abandonne du jus de raisin à une température de 20 ou 30°, on ne tarde pas à voir de petites bulles gazeuses monter à la surface, y crever ou former une couche de mousse plus ou moins épaisse et d'une couleur blanc rosée. Au bout de peu de temps, le goût sucré du moût disparaît peu à peu pour faire place à une saveur vineuse due à la présence de l'alcool. Le sucre du raisin a donc été transformé en alcool. En même temps, il s'est formé un gaz, le gaz carbonique, dont le dégagement a produit les bulles observées à la surface du moût.

Ce dégagement de gaz carbonique, lorsqu'il est rapide, tumultueux, donne au moût l'apparence d'un liquide en ébullition. C'est pour cela qu'on a donné aux phénomènes qui se produisent dans le moût de raisin le nom de fermentation. Ce mot a été formé avec le verbe latin *fervere,* qui signifie bouillir.

La fermentation ne s'opère pas toute seule. Si on examine au microscope une goutte du moût qui fermente, on y voit une grande quantité de petits corpuscules qui se présentent sous la forme d'ellipses renfermant des granulations plus ou moins foncées. En réalité, ces corpuscules ont une forme qui se rapproche de celle d'un œuf et dont les dimensions sont seulement de quelques millièmes de millimètres. Ces corpuscules sont de petits végétaux unicellulaires, susceptibles de se reproduire avec une grande rapidité. Ils constituent ce qu'on appelle le ferment vinique, ou levûre de vin ou *saccharomices ellipsoïdeus.* C'est ce ferment qui transforme le sucre en alcool et gaz carbonique (1). On peut admettre, comme hypo-

(1) Il y a aussi production d'une petite quantité de glycérine et d'acide succinique.

thèse, pour se faire une idée de son fonctionnement, qu'il mange le sucre et rejette le gaz carbonique et l'alcool. Le ferment ne s'est pas développé spontanément dans le moût et provient de germes répartis en abondance dans les poussières de l'air et surtout à la surface des grains du raisin. Ces germes sont au ferment ce que l'œuf est à l'insecte, au poisson ou à l'oiseau.

Mais à coté des germes du saccharomices ellipsoïdeus, il en existe un grand nombre d'autres qui sont susceptibles de donner naissance à des ferments ayant une action nuisible sur les éléments constituants du moût ou du vin. Si pour une cause quelconque, les conditions de milieu dans le moût leur sont très favorables, ils se reproduiront plus facilement que le ferment vinique, lequel se trouvera gêné dans son développement et n'accomplira qu'imparfaitement sa fonction transformatrice. Entre les différents microbes, il se produit une sorte de lutte pour la vie, et c'est le plus fort qui l'emporte.

Pendant la fermentation vinaire, il est extrêmement utile d'assurer la prépondérance au saccharomices ellipsoïdeus en le mettant dans les conditions qui assurent le mieux son évolution.

Dans le moût de raisin, le ferment trouve les matières azotées diffusibles et les substances minérales indispensables à sa reproduction et à l'élaboration de ses tissus, mais il lui faut de plus une acidité suffisante. Il est d'usage d'exprimer cette acidité dans les moûts et dans les vins, en grammes d'acide sulfurique par litre. Elle indique la quantité d'acide sulfurique qui saturerait la même quantité de base, potasse ou soude, que les acides contenus dans un litre de moût ou de vin. Pour une bonne fermentation, dans les moûts de vins rouges ordinaires, l'acidité doit être de 10 gr. par litre.

Dans un milieu riche en alcool, c'est-à-dire dont la teneur dépasse 13 à 15 °/₀, le ferment perd de son activité; la transformation du sucre est incomplète, ce qui constitue pour les vins une cause d'altération permanente.

Enfin, la température qui convient le mieux au ferment alcoolique est comprise entre 20° et 30°. Il est très important de maintenir la température du moût entre ces limites.

Ces indications sommaires sur la fermentation alcoolique et le rôle des ferments dans la vinification suffisent pour fixer les règles à suivre dans la fabrication du vin.

Les différentes phases de la vinification seront étudiées dans l'ordre même où elles se succèdent normalement. Mais il convient d'abord d'étudier le matériel de la vinification et la composition du raisin.

CHAPITRE PREMIER

# MATÉRIEL DE VINIFICATION

Le matériel de vinification comprend le local où se fait le vin, qu'on désigne sous le nom de chai, cellier, cuvoir ou vendangeoir; les récipients de fermentation, cuves ou foudres; et les fûts ou barriques destinés à recevoir le vin après la fermentation; divers instruments destinés à l'entretien des vases vinaires ou à la manipulation des vins.

## Chai

Il ne peut être question ici de la construction du chai ni des meilleures dispositions à lui donner; mais le local étant désigné, on peut chercher à l'aménager de façon à l'approprier le mieux possible à sa destination.

Le chai doit être d'une propreté absolue et

débarrassé des germes de l'air qui pourraient amener dans le vin des ferments de maladie. Pour obtenir ce résultat, il faut prendre les précautions suivantes : ne jamais laisser dans le cellier d'ordures d'aucune sorte : laver à l'eau bouillante les surfaces qui ont été souillées par du vin ou du moût ; faire un badigeonnage complet avec un lait de chaux au moins une fois par an. L'époque qui convient le mieux pour cette opération est celle qui précède les vendanges.

Après les vendanges, et lorsque tous les soutirages sont terminés, on emploie, dans quelques vignobles, un excellent procédé d'assainissement du chai. Ce procédé consiste à en faire d'abord le nettoyage complet, puis, toutes les ouvertures étant hermétiquement closes, on fait brûler au milieu, sur des tuiles canal ou tout autre objet de même nature, 2 ou 3 kilos, ou même plus, suivant les dimensions du chai, de soufre en fragments ou trituré. La combustion du soufre est facilitée par l'addition d'une petite quantité d'alcool. Le gaz sulfureux qui se produit se répand partout, détruit les germes et ferments de maladie et tue même la plus grande partie des moucherons qu'on trouve dans les chais après les vendanges. On ne doit pénétrer dans le chai que quinze jours ou trois semaines après, en ayant soin de bien renouveler l'air avant d'y rentrer.

Comme pendant la fermentation vinaire il y a un dégagement abondant de gaz carbonique irrespirable, il importe de pouvoir aérer le cellier. Il suffit pour cela d'y pratiquer deux ouvertures diamétralement opposées qui, ouvertes, déterminent la production d'un courant d'air assurant l'expulsion du gaz carbonique.

La température ayant une influence considérable sur la marche de la fermentation, il faut pouvoir dans nos régions, où elle est tantôt trop basse, tantôt trop élevée, l'amener au degré voulu au moment de l'encuvage.

Pour chauffer le chai, on peut facilement installer un poêle dont le tuyau traverse le chai dans toute sa longueur. Ces instruments, qu'on fabrique aujourd'hui à très bon marché, sont faciles à poser et à démonter. Ils suffisent dans nos régions pour amener la température au degré voulu. Ils doivent être toujours installés et prêts à fonctionner avant les vendanges, car il se produit quelquefois à ce moment des abaissements subits de température que rien ne faisait prévoir.

Si la température est trop élevée, il suffit généralement pour l'abaisser d'ouvrir les ouvertures placées au nord ou d'établir un courant d'air pendant la nuit et de maintenir toutes les ouvertures fermées pendant le jour.

Il importe surtout de ne pas laisser dans le chai le baril où l'on fait le vinaigre pour la consommation locale.

## Vaisselle vinaire

La vaisselle vinaire proprement dite comprend les cuves, foudres, tonneaux, fûts et barriques que tout le monde connaît.

Au moment des vendanges, tous ces récipients doivent être en état et prêts à être utilisés. C'est donc plusieurs jours avant qu'il faut s'assurer qu'ils sont propres et exempts de tout mauvais goût.

Trois semaines environ avant l'époque probable de la cueillette des raisins, la vaisselle vinaire est soigneusement examinée et tous les ustensiles défectueux sont marqués ou mis à part.

L'odorat permet de distinguer les fûts sains de ceux qui sont défectueux; mais il est bon de confirmer les indications ainsi obtenues de la manière suivante : on introduit dans le récipient un verre de vin légèrement chauffé, on le fait passer, en roulant le tonneau, sur toute la surface. La dégustation de ce vin indique la nature de l'altération dont le tonneau est atteint.

Les récipients, généralement en bois, qui constituent la vaisselle vinaire peuvent avoir trois sortes de défauts.

Ils peuvent avoir : 1° l'odeur de moisi; 2° le goût de lie ou de sec; 3° le goût d'aigre.

On remédie à ces défauts, ou tout au moins on les atténue par les procédés suivants :

1° *Odeur de moisi.* — On prépare une solution d'acide sulfurique en versant peu à peu, avec précaution, l'acide dans l'eau (1), en ayant soin de remuer, dans les proportions de 9 litres d'eau pour 1 litre d'acide sulfurique.

(1) Ne pas verser l'eau dans l'acide.

3 litres de cette solution par hectolitre de capacité sont introduits dans le tonneau ou le fût, qu'on roule pour que le liquide vienne mouiller toute la surface intérieure. On jette ensuite la liqueur acide et on rince plusieurs fois à grande eau.

Pour les foudres et les cuves, ou lorsque l'altération est profonde, on peut carboniser la surface intérieure ou enlever la partie moisie avec un instrument spécial. C'est ce qu'on appelle le pelage.

2° *Goût de lie ou de sec.* — Par hectolitre de capacité, on prend 100 gr. de tannin ou acide tannique ordinaire, qui est dissous dans de l'eau bouillante; on introduit dans le fût et on roule à plusieurs reprises pendant plusieurs jours. Le liquide est alors remplacé par une dissolution de soude au centième, à raison de 100 grammes de soude pour 10 litres d'eau par hectolitre de capacité à assainir. On roule de nouveau et on rince plusieurs fois à grande eau

3° *Goût d'aigre.* — Toujours par hectolitre de capacité, on introduit dans le tonneau 10 litres d'eau dans laquelle on aura délayé

1 kilo de chaux ou fait dissoudre 100 gr. de potasse ou de soude. On roule et on lave ensuite à grande eau.

Lorsqu'on n'aura pas réussi par ces différents procédés à assainir un récipient ou que son altération n'est pas nettement caractérisée, on peut essayer de faire disparaître le mauvais goût en le démontant, râclant énergiquement la surface intérieure qu'on peut aussi flamber en passant les morceaux à la flamme d'un feu de bois sec.

*Conservation des fûts.* — On évite l'altération des fûts en prenant les précautions suivantes : le récipient, quel qu'il soit, qui ne doit plus servir de quelque temps, est soigneusement lavé pour le débarrasser de toutes les matières que le vin a pu laisser déposer; puis on y fait brûler du soufre. On trouve dans le commerce des mèches soufrées qui sont très commodes pour l'entretien des tonneaux. Une longueur de 4 ou 5 centimètres suffit par hectolitre de capacité à traiter.

Le morceau de mèche est fixé à un fil de fer recourbé à son extrémité, et le tout est introduit dans le récipient après inflammation préalable du soufre. Il suffit de placer la bonde pour faire tenir le fil de fer qu'on retire ensuite en ayant soin d'enlever en même temps le morceau de toile qui a servi à faire la mèche soufrée.

Pour traiter les foudres, on remplace les mèches par du soufre en canon qu'il est facile de faire brûler en le plaçant sur une tuile canal. Afin d'éviter que la partie du soufre qui fond pendant la combustion ne s'écoule sur le bois du foudre, on place un tampon de terre à chaque extrémité de la tuile canal.

Quand les fûts ou foudres doivent rester plus d'un an sans servir, il faut avoir soin de renouveler le soufrage.

Il peut arriver que, dans des tonneaux restés longtemps vides, le soufre ne brûle pas. On assure sa combustion en débouchant tous les orifices pendant quelques heures, pour permettre le renouvellement de l'air intérieur dont l'oxygène a été absorbé.

*Aménagement de la vaisselle vinaire.* — Il arrive fréquemment que, par suite de la sécheresse, les bois des différents récipients se contractent, déterminant des fuites qui, au moment de l'emplissage, laissent passer le moût ou le vin. Les liquides qui s'écoulent s'altèrent à l'air et deviennent une cause permanente d'altération. De plus, comme il est urgent d'arrêter l'écoulement du liquide, il en résulte une perturbation dans la marche normale des opérations de la vinification.

On assure l'étanchéité des vaisseaux en bois en les lavant avec de l'eau bouillante; la vapeur qu'émet cette eau fait gonfler le bois et assure la fermeture de tous les joints. On active le gonflement du bois en l'arrosant extérieurement avec de l'eau.

Il est plus commode pour les grands foudres d'employer des étuveuses. Ce sont de petits générateurs de vapeur, mobiles sur chariot, qu'on relie à l'aide d'un tube de caoutchouc avec le foudre qui se remplit de vapeur en un temps très court.

Quand on ne possède pas d'étuveuse, on peut opérer de la manière suivante : on introduit dans le foudre de la chaux *vive* qu'on arrose avec une petite quantité d'eau. En s'éteignant, la chaux vaporise une partie de l'eau ajoutée et provoque le gonflement du bois. Il est indispensable de rincer ensuite plusieurs fois à grande eau.

*Affranchissement des fûts neufs.* — Le bois qui sert à faire la vaisselle vinaire renferme, quel qu'il soit, une assez grande quantité de matières astringentes susceptibles de communiquer au vin un goût âpre et désagréable. Avant de se servir de tonneaux neufs, il est possible de faire disparaître ces principes astringents (tannin) en les lavant avec de l'eau renfermant du sel de cuisine; plusieurs rinçages à l'eau assurent le départ complet du sel introduit dans le récipient.

## Intruments divers

Ces instruments comprennent une pompe aspirante et foulante pour la manipulation des vins, un syphon et des tuyaux en toile ou en toile recouverte de caoutchouc, un tâte-vin, un décalitre, un fouet, et les comportes, paniers à vendange, etc., etc. Tous ces objets sont trop connus pour qu'il soit utile de les décrire.

Il importe seulement de les conserver dans un état de propreté absolue par des lavages à l'eau bouillante ou avec une dissolution au dixième d'un bisulfite, le bisulfite de soude par exemple.

Lorsque c'est possible, ces divers instruments doivent être conservés dans un local avoisinant le cellier. On y conserve également les mèches, bondes, toiles, bouchons et les différentes substances qui sont employées dans le cellier, telles que : acide tartrique, tannin, soufre, etc., etc.

## CHAPITRE II

# ÉTUDE DU RAISIN

Avant d'examiner les moyens de transformer le jus du raisin en vin, il convient d'étudier d'abord la matière première de cette fabrication.

### Composition du raisin

Un raisin est formé de la rafle ou grappe et des grains. Ceux-ci sont constitués par une enveloppe ou *pellicule* qui renferme une *pulpe* charnue au centre de laquelle se trouvent les graines ou *pépins*.

La rafle renferme surtout du tannin.

La pellicule, dans les cépages rouges, sauf pour les hybrides Bouschet et certains cépages américains, contient la matière colorante du vin.

Il faut remarquer que cette matière colorante est peu soluble dans l'eau mais qu'elle se dissout facilement dans l'eau additionnée d'alcool.

La pulpe est surtout riche en sucre et en acide tartrique.

Enfin, les pépins contiennent une assez forte proportion de tannin et de matières grasses (huile de pépins de raisin).

Le rôle des corps qui viennent d'être énumérés et qui sont localisés dans chacune des parties du raisin est important à connaître.

Le tannin fixe la matière colorante et la rend plus stable. Comme il est antiputride et antiseptique, il en assure la conservation. C'est lui qui provoque cette sensation agréable de plein qu'on éprouve dans la bouche lorsqu'on déguste le vin. Cette propriété, qui est d'ailleurs plus ou moins accentuée, s'appelle *la bouche*.

Mais lorsque le tannin se trouve en trop forte proportion dans le vin, celui-ci a le défaut d'être âpre et astringent.

L'acide tartrique, dont la plus grande partie se trouve dans le vin sous forme de bitartrate de potassium ou crème de tartre, donne au vin sa *fraîcheur*. Il avive la matière colorante, qu'il rend plus rouge et plus brillante. Il exerce une action très favorable sur le développement du ferment vinique.

En excès, l'acide tartrique rend le vin vert. Cette *verdeur*, ou excès d'acidité, n'a d'inconvénient que pour les vins qu'on doit consommer rapidement, car elle disparaît par le vieillissement.

Quand la vendange en renferme trop peu, le vin obtenu manque de fraîcheur, il est *plat*.

Le sucre, dans la fermentation, se transforme en alcool qui donne au vin le *montant* et en assure, lorsqu'il est en quantité suffisante, la conservation. Dans notre région, on n'a pas à redouter que le sucre soit en excès dans la vendange.

La matière grasse des pépins a une influence beaucoup moins grande sur la qualité du vin. En très petite quantité, elle contribue à la formation du bouquet. En excès, elle lui donne un goût désagréable.

## Maturation du raisin

Lorsqu'on étudie les variations de composition du raisin depuis la véraison jusqu'à la maturité, on constate que la quantité d'acide tartrique diminue d'une manière continue; la proportion de sucre augmente. Tout semble se passer comme si l'acide tartrique servait à la formation du sucre. A un moment donné, la proportion de sucre restant constante, la quantité d'acide tartrique diminue encore.

Cette constatation montre qu'en vendangeant trop tôt on risque de perdre une certaine quantité de sucre et, par suite, d'avoir un vin moins alcoolique. Les vendanges tardives ont l'inconvénient de fournir des moûts insuffisamment acides et d'une fermentation plus pénible.

## Moyens de reconnaître la maturité du raisin.

Le raisin mûr devient translucide; le grain, détaché de la rafle, laisse à l'extrémité du pédicelle un pinceau enduit d'une matière gluante et visqueuse. Un bon vigneron reconnaît facilement, à l'aspect et à la dégustation, l'état de maturité de la vendange et sait très bien que la maturité ne doit pas être la même pour les différents cépages.

On peut encore apprécier le degré de maturité à l'aide d'un petit appareil appelé mustimètre, pèse-moût, etc. C'est un aéromètre formé d'un cylindre en verre surmonté d'une tige éffilée qui porte une graduation, se termine à la partie inférieure par un renflement garni de grains de plomb ou de mercure formant lest et destiné à assurer la verticalité de l'appareil lorsqu'il est plongé dans un liquide.

La densité d'un moût étant d'autant plus grande qu'il renferme plus de sucre, le mustimètre s'enfoncera d'autant moins dans ce moût que sa richesse saccharine sera plus élevée. La graduation de la tige indique, au point d'affleurement du liquide, la richesse en sucre.

Pour se servir du mustimètre ou pèse-moût, on prélève dans la vigne un certain nombre de raisins représentant bien la moyenne de la récolte. Ces raisins sont écrasés dans un linge et le moût qui s'écoule est recueilli dans un récipient cylindrique en fer étamé qui accompagne généralement l'aéromètre et lui sert d'étui. Tout autre vase peut d'ailleurs être utilisé. Le mustimètre est immergé dans le liquide, où il flotte jusqu'à un niveau déterminé en regard duquel, sur la tige, on lit la richesse du moût en sucre.

Il faut toujours s'assurer, à l'aide d'un thermomètre, que la température du moût diffère peu de 15° centigrades. On l'y ramène facilement, s'il y a lieu, en mettant le récipient au soleil, près du feu, ou dans l'eau froide suivant les cas.

En faisant plusieurs fois cette opération quelques jours avant la maturité, on constate que la richesse en sucre augmente, puis reste stationnaire. C'est alors qu'il convient de vendanger.

Quand dans l'intervalle des opérations surviennent des pluies un peu abondantes, les indications du mustimètre ne sont plus comparables.

Dans tous les cas, immédiatement avant les vendanges, cet appareil permet d'avoir de précieux renseignements sur la qualité du moût qu'on va mettre en œuvre.

Le dernier essai au mustimètre doit toujours être accompagné de la mesure de l'acidité.

## Mesure de l'acidité du moût

Pour évaluer l'acidité d'un moût, on peut employer le procédé suivant, qui n'a certainement pas la précision des procédés de laboratoire, mais donne une approximation suffisante tout en étant très simple et à la portée de tout le monde.

On prend deux verres dont l'un présente sur le côté une marque ou un trait permettant de le remplir toujours de la même quantité de liquide. Lorsque cette marque n'existe pas, on en fait une avec une petite bande de papier gommé. Autant que possible, le volume indiqué par la marque doit être d'environ 5 centilitres.

Dans un flacon en verre, bouché à l'émeri, on a une solution de potasse renfermant exactement $11^{gr.},5$ de potasse pure (Ko H) par litre ou une solution de soude à $8^{gr.},2$ pour mille. Ces solutions peuvent être facilement préparées par les pharmaciens à un prix très modique. Il vaut mieux les renouveler chaque année, parce qu'elles se conservent mal. Avec un quart de litre on peut faire huit ou dix essais, ce qui est suffisant dans beaucoup de cas.

Il est bon d'avoir aussi quelques petites bandes de papier de tournesol rouge et bleu. Dans les liquides alcalins, le papier rouge devient bleu ; dans les liquides acides, le papier bleu devient rouge.

Pour opérer, il faut remplir le verre de moût filtré jusqu'à la marque, puis verser le contenu dans le second verre. Le premier est rempli de nouveau jusqu'à la marque avec la solution alcaline qui est ajoutée au moût. Après le mélange des deux liquides, la coloration peut être rouge, violette ou bleu verdâtre. Dans les deux premiers cas, une goutte de liquide déposée sur le papier de tournesol bleu le fait plus ou moins virer au rouge ; dans le troisième cas, le papier rouge devient bleu, parce que l'acidité du moût est insuffisante et inférieure à 10 gr. par litre. Il faudra, au moment de la fermentation, ajouter 30 ou 40 grammes d'acide tartrique par comporte de vendange pour obtenir une fermentation normale (1).

(1) Cette addition d'acide tartrique doit toujours être faite avec la vendange de Jacquez. La dose peut être portée de 50 à 100 grammes.

CHAPITRE III

# VINIFICATION

## Cueillette

Les raisins étant mûrs, il faut procéder à leur cueillette. On recommande généralement de ne commencer à vendanger que par un beau temps et lorsque la rosée a disparu ; celle-ci augmente la quantité de vin, mais diminue la qualité.

Pour couper les grappes, l'instrument le plus employé est le couteau ou la serpette ; il est préférable d'employer les ciseaux ou le sécateur pour éviter l'ébranlement de la grappe, qui provoque la chute et la perte de nombreux grains de raisins.

La vendange est réunie dans des paniers en osier, en bois, ou dans des seaux en fer-blanc ou en toile. Les récipients étanches sont meilleurs que les paniers en osier, qui laissent toujours suinter un peu de moût.

Autant que possible, les vendangeurs doivent éviter de mêler à la vendange des feuilles, des débris de végétaux plus ou moins souillés de terre. Les grappes salies au contact du sol doivent être mises à part et leur vinification effectuée dans un récipient spécial. Ces précautions sont indispensables si l'on tient à avoir un vin délicat.

Les paniers à vendange une fois pleins sont vidés dans des comportes qu'on fait porter au cellier.

## Modifications à faire subir à la vendange.

Avant d'introduire la vendange dans les récipients de fermentation, il est utile de lui faire subir quelques modifications.

*Addition d'acide tartrique.* — Si l'acidité du moût a été trouvée insuffisante, c'est à-dire inférieure à 1 $^0/_0$, on doit ajouter de l'acide tartrique. Lorsque l'acide est en poudre, on peut se contenter d'en jeter une pincée de 30 à

50 grammes sur chaque comporte; si l'acide est en cristaux, il vaut mieux le faire dissoudre dans l'eau chaude ou du moût et le répartir dans la vendange.

*Plâtrage.* — Autrefois on remédiait au défaut d'acidité par le plâtrage de la vendange. Cette pratique étant abandonnée aujourd'hui, parce que la loi défend d'employer une quantité de plâtre pouvant introduire dans le vin plus de deux grammes par litre de sulfate de potasse. il n'y a pas lieu d'y insister.

*Sucrage.* — De même pour le sucrage, qui permet de remonter des moûts insuffisamment riches en sucre, soit par suite des maladies cryptogamiques, soit par suite d'influences atmosphériques défavorables.

Le sucrage n'est pas actuellement interdit, mais il est probable qu'il le sera prochainement. D'ailleurs, les formalités à remplir pour obtenir le dégrèvement partiel de l'impôt sur le sucre rendent son emploi peu pratique (1).

(1) Dans certains pays on supplée au sucrage en concentrant les moûts à basse température dans des chaudières où l'on a fait un vide partiel.

## Foulage

Le foulage de la vendange consiste à écraser les grains de raisins soit dans les comportes, avec les pieds, soit, ce qui est le plus propre, à l'aide d'instruments spéciaux appelés fouloirs. Ces instruments, fabriqués aujourd'hui à très bon compte, donnent un travail plus parfait et d'une plus prompte exécution.

L'écrasement des grains n'est pas indispensable à la fermentation, mais le foulage présente l'avantage de mettre le moût au contact de l'air, dont l'oxygène exerce une action très favorable sur cette fermentation et sur la défécation du vin. Dans le foulage il faut avoir soin d'éviter l'écrasement des pépins.

## Egrappage

L'égrappage consiste à séparer le grain du raisin de la rafle. Cette pratique n'a guère d'avantages que dans des cas très particuliers sur lesquels il serait trop long de s'étendre.

## Encuvage

C'est la mise dans les récipients de fermentation de la vendange foulée. La seule recommandation à faire sur cette opération très simple est de ne pas remplir trop complètement la cuve ou le foudre, pour éviter les débordements causés par l'augmentation de volume qui se produit pendant la fermentation, très active au début, surtout par les temps chauds.

Il faut aussi, avant l'encuvage, prendre la précaution de placer derrière le robinet de vidange un bouchon de paille et de sarments destiné à empêcher le passage des grains et de la rafle au moment du décuvage.

## Départ de la fermentation. — Température.

Pendant et après l'encuvage il faut s'assurer que la température du moût est favorable au développement du ferment.

Pour connaître la température du moût dans une cuve ou un foudre, on prend un roseau, analogue à ceux dont se servent les pêcheurs à la ligne, et sur les cotés duquel on a percé de petits trous avec une pointe de fer rougie au feu. On suspend à un fil assez long un thermomètre gradué sur tige (celui qui accompagne le mustimètre ou le pèse-moût peut servir à cet usage) et on l'introduit dans le roseau préalablement enfoncé dans le moût. Après quelques minutes de contact, on le retire vivement et on lit la température qu'il indique.

Quand la température moyenne du moût est sensiblemement au-dessous de 20° et que la température extérieure est basse, il convient de le réchauffer. Le moyen le plus simple consiste à chauffer quelques comportes de moût dans des chaudrons placés sur le feu. Il faut aussi chauffer le cellier.

Ces précautions sont inutiles quand les écarts de température ne sont pas très grands.

Il peut arriver, et c'est même le cas le plus fréquent, que le moût soit trop chaud. Sitôt que la température dépasse 35°, il faut aérer le chai, l'arroser, mouiller souvent les cuves ou foudres et provoquer ainsi une évaporation active de l'eau, qui amènera un sensible abaissement de température.

Il est même bon de ne pas vendanger pendant la période la plus chaude de la journée, ou tout au moins d'attendre pour fouler la vendange qu'elle ait séjourné quelque temps dans un endroit frais et se soit refroidie.

Des réfrigérants analogues à ceux qu'on emploie pour refroidir le lait rendraient de très grands services. Il est profondément regrettable que leur usage ne se généralise pas davantage.

Pendant toute la durée de la fermentation, on doit maintenir la température du cellier entre 20 et 30°, en employant les moyens déjà indiqués.

## Aération du moût

Sitôt que la fermentation commence, elle augmente rapidement d'intensité et devient tumultueuse ; les parties solides montent à la surface pour former le chapeau, puis, au bout de quelque temps, deux ou trois jours, le dégagement de gaz carbonique est moins actif, la température cesse de monter, et pourtant un essai du moût au mustimètre montre qu'il y a encore beaucoup de sucre non transformé en alcool.

C'est le moment qui convient pour l'aération du moût. Cette aération a pour effet de donner une nouvelle vigueur au ferment qui achève la transformation du sucre. On sait, de plus, que l'oxygène de l'air a l'avantage de favoriser la précipitation des matières albuminoïdes qui tombent dans les lies. Cette précipitation des matières azotées ou albuminoïdes est d'autant plus utile qu'elles sont dans le vin, après le décuvage, une cause permanente d'altération.

L'aération des moûts est recommandée par tous les œnologues; elle se pratique quelquefois dans le foulage à la cuve. Les ouvriers, entièrement nus, rentrent dans la cuve et trépignent la vendange en se tenant au rebord ou à des barres, placées transversalement. Ce procédé malpropre est très dangereux : le gaz carbonique, qui se dégage en abondance de la cuve, a souvent causé l'asphyxie d'ouvriers imprudents qui s'aventuraient dans les cuves sans avoir chassé le gaz carbonique par une ventilation suffisante.

Il est possible d'opérer cette aération à l'aide

de longs manches en bois sur lesquels on a fixé des morceaux de bois analogues au marche-pied des échasses dont se servent les enfants, mais disposés en sens inverse. On peut aussi se servir de petits cônes en bois fixés les uns au-dessus des autres sur un manche.

A l'aide de cet instrument, on pratique un trou dans le marc, puis en l'élevant et en l'abaissant on arrive peu à peu à immerger tout le chapeau.

Dans les premiers jours de la fermentation, cette aération est utile et sans inconvénient, mais sitôt que la température intérieure s'abaisse, il faut bien se garder de la renouveler. A ce moment, en effet, il faut craindre l'acétification du chapeau qui, n'étant plus protégé par le gaz carbonique, s'aigrit au contact de l'air et pourrait communiquer son altération à toute la masse.

Cette opération, par le contact renouvelé du marc et du moût, provoque la dissolution d'une plus grande quantité de matières colorantes et de principes utiles dans le vin.

Quand la vinification s'effectue dans des foudres, pour aérer les moûts, on les fait couler en nappe dans une comporte d'où ils sont rejetés sur le chapeau par la trappe supérieure, soit à l'aide de seaux ou mieux, avec une pompe à vin.

Avec certaines pompes, qu'on relie au robinet inférieur du foudre, on peut injecter un courant d'air qui mélange parfaitement les différentes parties du liquide, qui est en même temps aéré.

## Durée du cuvage

La durée du cuvage est très variable. Elle dépend de la température extérieure, du cépage et du vin qu'on veut obtenir. En général, pour les vins rouges ordinaires, les cuvages courts sont préférables aux cuvages prolongés.

On reconnaît que le cuvage a assez duré aux caractères suivants : l'oreille placée contre le récipient de fermentation n'entend plus le crépitement, très sensible pendant la fermentation tumultueuse, dû au dégagement du gaz carbonique. La température intérieure s'est abaissée sensiblement et est voisine de celle du chai. Le mustimètre ou le pèse-moût s'enfonce à peu près jusqu'au zéro de la graduation. Cette indication ne prouve pas, comme on pourrait le croire, que le liquide fermenté ne renferme plus de sucre. Seulement, le sucre restant, plus lourd que l'eau, et l'alcool produit, plus léger, donnent au liquide une densité voisine de celle de l'eau dans laquelle l'instrument plonge jusqu'au zéro. Cette petite quantité de sucre encore en solution achèvera de se transformer en alcool pendant la fermentation insensible qui se produit dans les tonneaux après le soutirage.

## Décuvage

La pratique du soutirage ne présente aucune particularité. Le vin qui coule par le robinet inférieur de la cuve ou du foudre est transporté, dans des seaux ou à l'aide d'une pompe et d'un tuyau de toile caoutchoutée, dans des tonneaux de dimensions restreintes ou même dans de petits foudres, qui sont préférables aux grands foudres et aux cuves *couvertes*.

Les tonneaux qui renferment le vin qui vient d'être décuvé ne doivent pas être bondés.

Il suffit de recouvrir l'orifice de la bonde avec un linge ou une feuille de vigne maintenus par une pierre. Ce n'est qu'après la fermentation insensible qu'on pourra boucher les tonneaux.

Après la fermentation, le vin est généralement plus riche en alcool à la partie supérieure que dans les couches inférieures. Il est bon, pour le rendre homogène, de le soutirer d'abord dans un foudre pouvant contenir toute la cuvée.

Si la fermentation s'est faite dans un foudre, il suffit de faire passer la moitié du vin de la partie inférieure à la partie supérieure à l'aide de la pompe à vin.

## Pressurage

Les parties solides de la vendange ou marc qui restent dans le récipient de fermentation après le décuvage renferment une assez forte proportion de vin, pouvant aller jusqu'au tiers du volume soutiré.

Ce marc est alors porté sur un pressoir, instrument qu'il n'est pas utile de décrire ici, et soumis à une forte pression. Le vin qui s'écoule par la compression porte le nom de vin de presse, tandis que le vin qui s'écoule naturellement porte le nom de vin de goutte.

Quelquefois le marc pressé est recoupé et pressé à nouveau une ou deux fois.

Ces différentes opérations donnent le vin de première pressée, de deuxième pressée et de troisième pressée.

Le vin de première pressée renferme plus d'acide, d'alcool, d'extrait et de couleur que le vin de goutte.

Le vin de deuxième pressée est plus acide, mais moins riche en extrait, couleur et alcool.

Enfin le vin de troisième pressée, très acide, renferme surtout des matières mucilagineuses et albuminoïdes qui rendent sa conservation difficile.

Sauf pour les vins qu'on veut vendre très vite, il est utile de mélanger les vins de première et deuxième pressée au vin de goutte. Au contraire, le vin de troisième pressée doit être mis de côté, car il se clarifie très lentement.

## Vin de marc. — Piquettes

Le marc pressé ou non pressé peut servir à faire des vins de marc ou de seconde cuvée et des piquettes. Le cadre restreint de cette brochure ne permet pas d'entrer dans le détail des opérations de ces fabrications, dont l'importance diminue chaque jour.

## CHAPITRE IV

# SOINS A DONNER AU VIN

---

Le liquide qui sort de la cuve ou du foudre n'est pas encore du vin. Avant de mériter cette désignation, il doit se clarifier et se débarrasser d'une certaine quantité de matières solides. Les vins de choix doivent de plus acquérir leur bouquet caractéristique. Pendant que ces diverses modifications se produisent, le vin doit être soumis à une surveillance attentive.

### Ouillage

Les tonneaux où le vin a été décuvé étant généralement secs, le bois absorbe, les premiers jours, une certaine quantité de vin qu'il faut remplacer. C'est une nécessité absolue. Ce remplacement du vin absorbé porte le nom de ouillage.

Les trois ou quatre premiers jours qui suivent le décuvage, il faut ouiller tous les jours, puis tous les deux ou trois jours, et enfin toutes les semaines et tous les quinze jours.

Le contact de l'air étant nuisible au vin, le ouillage doit se faire ensuite chaque fois qu'il y a un vide dans le tonneau.

## Soutirage

Pendant les premiers jours qui suivent le décuvage, le vin fermente encore, il achève de transformer en alcool le sucre qu'il contenait. C'est la fermentation lente ou insensible. Sitôt qu'elle est terminée, le vin abandonne en grande quantité des matières solides qui tombent au fond du tonneau.

Ces matières solides, constituées surtout par le ferment, doivent être séparées du vin.

C'est le mois de décembre qui convient le mieux à cette opération. Elle consiste, comme on le sait, à transvaser le vin *clair* dans un tonneau parfaitement propre. C'est le premier soutirage.

Le résidu épais qu'on trouve au fond du tonneau vidé forme les *lies vertes*. Il est bon d'en conserver toujours une petite quantité dans du vin ou de l'eau alcoolisée à 15 ou 16°. Dans ces conditions, les ferments qu'elles renferment peuvent être utilisés dans le courant de l'année pour l'amélioration de certains vins altérés ou malades.

Après le premier soutirage, le vin forme de nouveaux dépôts, dont la proportion diminue au fur et à mesure qu'il vieillit.

On procède à un deuxième soutirage à la fin de l'hiver, en février-mars, et à un troisième au commencement de l'hiver suivant.

Il suffit ensuite de soutirer une ou deux fois par an aux époques indiquées.

Les jours secs où la pression barométrique est élevée, avec vent du nord, conviennent particulièrement bien aux soutirages.

Le premier et le deuxième soutirage doivent se faire au contact de l'air. Pour les suivants, il est préférable d'éviter ce contact.

## Collage

Le collage du vin est une clarification artificielle qu'on peut avoir à effectuer : quand le vin reste trouble, lorsqu'il doit être livré à la consommation, lorsqu'il vient de subir un traitement destiné à faire disparaître une altération dont il était atteint.

En principe, le collage consiste à répartir dans le vin une substance collante qui, sous l'action de l'acide tartrique et du tannin renfermés dans le vin, se coagulera, entraînant au fond du tonneau les matières en suspension.

On emploie pour coller les vins un grand nombre de substances, telles que le blanc d'œuf, la gélatine, la colle de poisson ou ichtyocolle, le sang, le lait, etc., etc. L'albumine des œufs frais et la gélatine sont les matières collantes les plus répandues et les meilleures.

*Moyens de reconnaître si un vin peut être collé.* — Tous les vins ne sont pas susceptibles d'être collés utilement. Ceux qui sont incomplètement fermentés et les vins qui se troublent au contact de l'air sont dans ce cas.

Pour s'assurer qu'un vin peut supporter le collage, on a proposé le procédé suivant qui est excellent. Deux bouteilles d'un litre sont remplies, l'une entièrement, l'autre à moitié, du vin à essayer; cette dernière est agitée vivement, puis bouchée à l'aide d'un simple cornet de papier. Les deux bouteilles, placées dans un endroit chaud (20-25°), ne doivent pas se troubler.

Si la bouteille pleine se trouble, c'est que le vin renferme encore du sucre non fermenté. Dans ce cas, il convient, avant de coller, de faire fermenter ce sucre. Pour cela, on transporte, autant que possible, le vin dans un endroit chaud. Dans une portion de ce vin, on fait dissoudre du sucre raffiné à raison d'un kilo par hectolitre, et dans la solution on délaie une quantité suffisante de lies vertes conservées au moment du décuvage (1). Ce mélange est versé dans le vin. Comme la température est convenable, le ferment des lies agit sur le sucre ajouté et celui qui restait dans le vin pour le transformer en alcool. Après repos et soutirage, on peut coller le vin ainsi traité.

Si c'est la bouteille remplie à moitié qui se

(1) A défaut de lies vertes on pourrait utilement employer les levûres pures actives qu'on trouve dans le commerce.

trouble, il faut, préalablement au collage, soutirer plusieurs fois au contact de l'air.

*Pratique du collage.* — On prépare d'abord la matière collante. Quand on emploie des œufs, il faut environ deux blancs d'œufs *sans jaune ni coque* par hectolitre de vin à traiter. — Avec l'albumine sèche du commerce, la dose est de 8 à 10 grammes par hectolitre. Une poignée de sel ajoutée aux blancs d'œufs facilite la clarification (1).

Si on a recours à la gélatine, il importe de se procurer de la gélatine aussi pure que possible, presque incolore. La dose à employer est de 10 grammes de gélatine sèche par hectolitre de vin. Pour faire dissoudre cette gélatine, on peut la plonger dans l'eau tiède, qu'on agite jusqu'à complète dissolution. Il est préférable de la faire tremper dans de l'eau froide pendant douze heures, en ayant soin de changer l'eau trois ou quatre fois. La disso-

(1) La quantité *maxima* de sel (chlorure de sodium) qui est tolérée dans un vin étant de un gramme par litre, il faut éviter, en ajoutant le sel à la matière collante, de dépasser cette limite.

lution s'opère ensuite comme précédemment, mais beaucoup plus vite.

La matière collante est d'abord délayée avec du vin à traiter, dans lequel on la verse en agitant vivement par la bonde avec un bâton. C'est le fouettage. Au bout de huit ou quinze jours, le précipité est tombé au fond et le vin clair peut être soutiré.

Il est très important de ne pas coller les vins à une température très différente de 10 à 12°.

Lorsqu'on a à opérer le collage d'un foudre, le fouettage avec un bâton serait insuffisant et la clarification trop longue. Il convient de procéder autrement. La matière collante est d'abord délayée dans un dixième au moins de vin à coller. Le mélange est introduit dans le foudre, puis à l'aide d'une pompe on fait passer la plus grande partie du vin de la partie inférieure à la partie supérieure du foudre. Le mélange est alors assez parfait pour que la clarification soit aussi rapide que dans les tonneaux.

## Surcollage

Il arrive quelquefois que le vin collé se trouble spontanément ou lorsqu'il est mélangé avec un autre vin. C'est le phénomène du surcollage qui ne se produit guère qu'avec la gélatine. Il est dû à ce que le vin collé ne contenait pas assez de tannin pour coaguler, précipiter toute la gélatine. L'excédent de celle-ci est resté en dissolution jusqu'au moment où l'action de l'air ou du tannin du vin mélangé a déterminé sa précipitation.

Pour faire disparaître le surcollage, il suffit d'ajouter au vin 10 à 15 grammes de tannin ou *acide tannique à l'alcool* du commerce. Le coupage avec un vin non collé est aussi efficace.

## Filtrage

Quand on fait passer le vin au travers d'un tissu assez serré pour arrêter les particules qu'il tient en suspension tout en laissant passer le liquide, on fait un filtrage.

Pour filtrer de petites quantités de vin, on peut employer les filtres appelés manches qui sont constitués par un petit cercle en bois auquel on a fixé le tissu filtrant, qui a la forme d'un bonnet de coton. On augmente l'action de ces filtres en les remplissant tout d'abord avec du vin dans lequel on a délayé des blancs d'œuf, de la gélatine ou du charbon de bois bien calciné et pulvérisé.

Les filtres à grand débit qu'on trouve actuellement dans le commerce sont seuls pratiques quand il faut traiter un grand volume de vin. Assez coûteux, ils conviennent plutôt au marchand de vin qu'au vigneron, pour qui le collage est un moyen de clarification suffisant et moins dangereux.

Les appareils qui filtrent le vin à l'abri de l'air doivent être préférés.

CHAPITRE V

# ALTÉRATIONS ET MALADIES DES VINS

On peut trouver dans les vins, par l'odorat ou la dégustation, un certain nombre de défauts, dont les uns sont dus à la composition anormale de la vendange, les autres au contact de la vigne ou du vin avec des substances ou des objets odorants.

Quand toutes les précautions indiquées pour l'entretien et l'assainissement du cellier et de la vaisselle vinaire, la manipulation des vins ont été prises, il arrive rarement que le vin soit atteint par une des nombreuses maladies auxquelles il est sujet. Celles-ci sont toujours causées par le développement de ferments dont les germes sont très répandus. Il peut arriver que, par négligence ou pour une cause accidentelle, quelques-uns de ces germes se developpent dans le vin et dès lors il faut pouvoir arrêter leur développement et atténuer ou faire disparaître les effets produits sur le vin. Il ne peut être question ici que des défauts et maladies qui atteignent les vins rouges ordinaires et qui sont les plus répandus.

## Défauts naturels

Ce sont ceux qui proviennent d'une composition anormale de la vendange. Les principaux sont ceux des vins verts et des vins plats. Les premiers ont une acidité trop forte, les seconds renferment trop peu d'acide tartrique.

*Vins verts et vins plats.* — On recommande généralement, pour atténuer ces défauts, de couper ou mélanger les vins verts trop acides avec des vins plats et inversement. Rarement, le producteur possède les vins nécessaires pour faire le coupage, et ce procédé, quoique très efficace, ne peut guère être utilisé que par les marchands de vin.

On peut diminuer la verdeur d'un vin en le traitant par le *tartrate neutre de potassium*, qu'il ne faut pas confondre avec la crème de tartre ou bi-tartrate de potassium. 50 ou 100 grammes de ce sel par hectolitre de vin sont dissous dans une petite quantité de liquide tiède qu'on verse ensuite dans le vin; après agitation énergique et un repos suffisant, le vin est soutiré. Si la verdeur n'a pas suffisamment disparu, on recommence avec une nouvelle dose de tartrate neutre avant le soutirage.

Cette opération ne doit être faite que pour les vins qui doivent être consommés très jeunes.

Les vins plats étant défectueux par suite de de leur manque d'acidité, on les améliore facilement par une simple addition d'acide tartrique. On fait un premier essai sur un litre ou un hectolitre de vin avec 0 gr. 5 ou 50 d'acide tartrique, et on augmente ou diminue la dose suivant l'effet obtenu.

## Défauts accidentels

Les vins qui ont le *goût de lie, de fût, de sec, de moisi*, un goût *de terroir* trop prononcé, une odeur spéciale due au contact d'un corps odorant étranger, peuvent être améliorés de la manière suivante. On prend par hectolitre de vin un demi-litre d'huile d'olive pure et autant que possible de fabrication récente, on l'introduit dans le vin, auquel on la mélange intimement par un fouettage énergique, de manière à former une sorte d'émulsion. L'huile s'empare du corps odorant, remonte à la surface du vin qu'on soutire ensuite après un repos suffisant. L'huile peut servir pour l'éclairage.

La braise de boulanger, bien calcinée et finement pulvérisée, peut remplacer l'huile à raison de 100 grammes de poudre de charbon par hectolitre de vin. Mais le charbon a l'inconvénient de faire disparaître une partie de la matière colorante.

*Vin à goût de soufre.* — Lorsque la vigne a été soufrée peu de temps avant la vendange ou que le vin a été collé avec des œufs altérés, le vin acquiert une odeur d'hydrogène sulfurée qui rappelle celle des œufs pourris.

Pour faire disparaître cette odeur très désagréable, il faut mécher le vin comme il est indiqué plus loin et soutirer après repos.

## Maladies des vins

Elles sont caractérisées par la présence d'un ferment. Telles sont les maladies appelées fleurs du vin; la piqûre ou acescence qui donne les vins aigres, piqués; la tourne, la casse et la pousse; l'amertume et la graisse qui n'attaque que les vins blancs et les cidres.

Pour détruire ces maladies, on utilise deux sortes de traitements : le chauffage des vins et le méchage ou soufrage.

Le chauffage des vins, très efficace, exige des appareils coûteux et doit être fait avec beaucoup de soins. Il ne convient guère qu'aux grands vignobles et aux négociants en vins.

Le méchage est d'un emploi plus commode, surtout pour les petits récipients. Lorsqu'on veut soufrer un vin, on commence par brûler une mèche dans une barrique qu'on remplit au tiers de la capacité du vin à traiter. Le tout est agité fortement pour dissoudre, dans le vin, le gaz sulfureux résultant de la combustion du soufre. On brûle dans cette barrique une autre mèche, on ajoute un autre tiers de vin et on agite de nouveau. L'opération est renouvelée une troisième fois, et finalement la barrique est mise en place et abandonnée au repos.

Comme on le verra plus loin, le méchage est utilisé pour la guérison de presque toutes les maladies du vin.

*Fleurs du vin.* — Cette maladie est causée par un champignon microscopique qui forme une couche d'un blanc rosé à la surface du vin. Il se développe surtout dans les vins faibles en alcool ou additionnés d'eau. Son action s'exerce sur l'alcool du vin qu'il transforme, grâce à l'oxygène de l'air, en eau et acide carbonique. Peu dangereux par lui-même, il le devient parce qu'il prédispose le vin à la piqûre.

Pour éviter son développement, il faut protéger le vin du contact de l'air en maintenant les fûts constamment ouillés, c'est-à-dire pleins. Si une barrique doit rester en vidange, il faut brûler un morceau de mèche à la surface du vin et bonder soigneusement. Il est encore possible d'empêcher le contact de l'air en versant à la surface du liquide, comme on le fait en Normandie pour le cidre et en Italie pour le vin, un petite quantité d'huile d'olive. Le soufrage est préférable.

*Acescence.* — Il arrive quelquefois que le vin acquiert une odeur et un goût qui rappellent ceux du vinaigre. Ce vin plus ou moins trouble est envahi par un ferment, le ferment acétique qui se développe *de préférence* dans les vins peu alcooliques et dans les vins déjà attaqués par le ferment qui produit les fleurs.

Le ferment acétique attaque l'alcool, qu'il transforme en acide acétique, élément principal du vinaigre.

On évite la piqûre en maintenant les fûts ouillés et en soufrant les vins si l'on redoute la maladie.

On enraye la maladie, lorsqu'elle est peu développée, en soufrant énergiquement le vin. Un collage léger et une addition d'un ou deux litres d'alcool bon goût par hectolitre de vin achèvent le traitement.

Si la maladie a fait assez de progrès pour

que la présence du vinaigre soit très manifeste, avant de faire le traitement qui vient d'être indiqué, il faut d'abord débarrasser le vin de l'excès d'acide acétique qu'il renferme, ce qui n'est pratiquement utile que lorsque le vin ne renferme pas plus de 1 °/₀ d'acide acétique. Au-delà de cette limite, il vaut mieux faire achever l'acétification du vin et le vendre comme vinaigre.

Quand le vin contient moins de 1 °/₀ d'acide acétique, on atténue les effets dus à sa présence par une addition de tartrate *neutre* de potassium. On détermine la dose à employer par des expériences préalables faites chacune sur un litre de vin avec 1 gr., 1 gr. 5, 2 gr., etc., de tartrate neutre. Après dissolution et repos, les échantillons sont dégustés et la dose correspondant à l'échantillon qui, ayant reçu le moins de sel, a perdu le goût et l'odeur du vinaigre, est employée pour l'ensemble du vin à traiter.

On parfait le traitement comme pour les vins légèrement piqués.

*Tourne; — Pousse.* — Plus particulièrement

pendant les grandes chaleurs et les temps orageux, le vin perd quelquefois sa limpidité.

Il devient d'un rouge sale, acquiert une saveur fade et désagréable. Ce vin est atteint de la maladie de la tourne ou de la pousse qui ont beaucoup d'analogies entre elles, si elles ne sont pas identiques. La pousse doit surtout son nom à ce que les gaz produits pendant qu'elle se développe déterminent un jet violent quand on perce le tonneau renfermant le vin malade et peuvent même repousser suffisamment les fonds de ce tonneau pour les rendre bombés extérieurement.

Lorsque ces maladies, qui sont assez fréquentes, sont peu accentuées, on traite les vins par 50 grammes d'acide tartrique par hectolitre de vin, puis on procède à un soufrage énergique suivi d'un collage et d'un soutirage dans un fût fortement méché. Si la couleur n'est pas revenue, il faut ajouter une nouvelle quantité d'acide tartrique.

Quand l'altération est profonde, les vins ne sont plus bons que pour la distillation.

*Vins mildewsés; — Vins cassés.* — Les vins

provenant de vignes fortement mildewsées sont sujets à une maladie analogue à la tourne et se présentant sous les mêmes aspects.

Des causes analogues déterminent la casse des vins. Ceux-ci, limpides dans la barrique, noircissent rapidement au contact de l'air et deviennent imbuvables.

Le traitement de ces vins est le même que celui des vins tournés. On peut cependant à tous ajouter de 10 à 20 grammes de tannin par hectolitre de vin.

Remarque. — Les vins altérés qui ont subi les traitements qui viennent d'être indiqués doivent être consommés rapidement, car ils sont d'une conservation difficile.

---

# TABLE DES MATIÈRES

G. Berthoumieu, 20, rue de la Colombette, Toulouse.

www.ingramcontent.com/pod-product-compliance
Lightning Source LLC
LaVergne TN
LVHW020047170826
845678LV00001B/467

* 9 7 8 2 3 2 9 6 8 9 2 0 3 *